Note the approved representation to know the number to be multiplied.

Good reading of the data and comparing it with the results of the observation in order to facilitate the preservation.

Training by mutual repetition to establish what has been memorized

Thinking

Test whether the learner manages the multiplication

1×

Noting

1 ×	●○○○○○○○○	=	1
1 ×	●●○○○○○○○	=	2
1 ×	●●●○○○○○○	=	3
1 ×	●●●●○○○○○	=	4
1 ×	●●●●●○○○○	=	5
1 ×	●●●●●●○○○	=	6
1 ×	●●●●●●●○○	=	7
1 ×	●●●●●●●●○	=	8
1 ×	●●●●●●●●●	=	9

Reading

1 × 1 = 1   1 × 4 = 4   1 × 7 = 7

1 × 2 = 2   1 × 5 = 5   1 × 8 = 8

1 × 3 = 3   1 × 6 = 6   1 × 9 = 9

1×

Training

1 × 8 = ……	5 × 1 = ……
1 × 3 = ……	9 × 1 = ……
1 × 9 = ……	4 × 1 = ……
1 × 5 = ……	6 × 1 = ……
1 × 7 = ……	8 × 1 = ……
1 × 4 = ……	1 × 1 = ……
1 × 1 = ……	3 × 1 = ……
1 × 6 = ……	2 × 1 = ……
1 × 2 = ……	7 × 1 = ……

1 × …… = 9	1 × …… = 6
1 × …… = 6	1 × …… = 2
1 × …… = 8	1 × …… = 1
1 × …… = 4	1 × …… = 5
1 × …… = 2	1 × …… = 8
1 × …… = 5	1 × …… = 7
1 × …… = 1	1 × …… = 9
1 × …… = 3	1 × …… = 4
1 × …… = 7	1 × …… = 3

2x

Noting

2 × ● ○ ○ ○ ○ ○ ○ ○ ○	=	02
2 × ● ● ○ ○ ○ ○ ○ ○ ○	=	04
2 × ● ● ● ○ ○ ○ ○ ○ ○	=	06
2 × ● ● ● ● ○ ○ ○ ○ ○	=	08
2 × ● ● ● ● ● ○ ○ ○ ○	=	10
2 × ● ● ● ● ● ● ○ ○ ○	=	12
2 × ● ● ● ● ● ● ● ○ ○	=	14
2 × ● ● ● ● ● ● ● ● ○	=	16
2 × ● ● ● ● ● ● ● ● ●	=	18

Reading

2 × 1 = 1   2 × 4 = 8   2 × 7 = 14

2 × 2 = 4   2 × 5 = 10   2 × 8 = 16

2 × 3 = 6   2 × 6 = 12   2 × 9 = 18

2x

✎ Training

2 x 8 = ...	5 x 2 = ...
2 x 3 = ...	9 x 2 = ...
2 x 9 = ...	4 x 2 = ...
2 x 5 = ...	6 x 2 = ...
2 x 7 = ...	8 x 2 = ...
2 x 4 = ...	1 x 2 = ...
2 x 1 = ...	3 x 2 = ...
2 x 6 = ...	2 x 2 = ...
2 x 2 = ...	7 x 2 = ...

2 x ...... = 18	...... x 2 = 16
2 x ...... = 4	...... x 2 = 12
2 x ...... = 16	...... x 2 = 10
2 x ...... = 12	...... x 2 = 6
2 x ...... = 8	...... x 2 = 8
2 x ...... = 2	...... x 2 = 4
2 x ...... = 14	...... x 2 = 18
2 x ...... = 6	...... x 2 = 2
2 x ...... = 10	...... x 2 = 14

3x

👀 Noting

3 ×	●○○○○○○○○	=	03
3 ×	●●○○○○○○○	=	06
3 ×	●●●○○○○○○	=	09
3 ×	●●●●○○○○○	=	12
3 ×	●●●●●○○○○	=	15
3 ×	●●●●●●○○○	=	18
3 ×	●●●●●●●○○	=	21
3 ×	●●●●●●●●○	=	24
3 ×	●●●●●●●●●	=	27

📖 Reading

3 × 1 = 1   3 × 4 = 12   3 × 7 = 21

3 × 2 = 6   3 × 5 = 15   3 × 8 = 24

3 × 3 = 9   3 × 6 = 18   3 × 9 = 27

3x

Training

3 x 8 = ...
3 x 3 = ...
3 x 9 = ...
3 x 5 = ...
3 x 7 = ...
3 x 4 = ...
3 x 1 = ...
3 x 6 = ...
3 x 2 = ...

5 x 3 = ...
9 x 3 = ...
4 x 3 = ...
6 x 3 = ...
8 x 3 = ...
1 x 3 = ...
3 x 3 = ...
2 x 3 = ...
7 x 3 = ...

3 x ...... = 15
3 x ...... = 27
3 x ...... = 09
3 x ...... = 12
3 x ...... = 24
3 x ...... = 21
3 x ...... = 18
3 x ...... = 06
3 x ...... = 03

...... x 3 = 18
...... x 3 = 03
...... x 3 = 15
...... x 3 = 21
...... x 3 = 09
...... x 3 = 12
...... x 3 = 27
...... x 3 = 24
...... x 3 = 06

👀 Noting

4 × ●○○○○○○○○	=	04
4 × ●●○○○○○○○	=	08
4 × ●●●○○○○○○	=	12
4 × ●●●●○○○○○	=	16
4 × ●●●●●○○○○	=	20
4 × ●●●●●●○○○	=	24
4 × ●●●●●●●○○	=	28
4 × ●●●●●●●●○	=	32
4 × ●●●●●●●●●	=	36

📖 Reading

4 × 1 = 4
4 × 2 = 8
4 × 3 = 12
4 × 4 = 16
4 × 5 = 20
4 × 6 = 24
4 × 7 = 28
4 × 8 = 32
4 × 9 = 36

4x

Training

4 x 8 = ……	5 x 4 = ……
4 x 3 = ……	9 x 4 = ……
4 x 9 = ……	4 x 4 = ……
4 x 5 = ……	6 x 4 = ……
4 x 7 = ……	8 x 4 = ……
4 x 4 = ……	1 x 4 = ……
4 x 1 = ……	3 x 4 = ……
4 x 6 = ……	2 x 4 = ……
4 x 2 = ……	7 x 4 = ……

4 x …… = 16	…… x 4 = 20
4 x …… = 24	…… x 4 = 36
4 x …… = 08	…… x 4 = 32
4 x …… = 20	…… x 4 = 28
4 x …… = 36	…… x 4 = 24
4 x …… = 04	…… x 4 = 08
4 x …… = 28	…… x 4 = 12
4 x …… = 12	…… x 4 = 16
4 x …… = 32	…… x 4 = 04

5x

👀 Noting

5	x	●	○	○	○	○	○	○	○	○	=	05
5	x	●	●	○	○	○	○	○	○	○	=	10
5	x	●	●	●	○	○	○	○	○	○	=	15
5	x	●	●	●	●	○	○	○	○	○	=	20
5	x	●	●	●	●	●	○	○	○	○	=	25
5	x	●	●	●	●	●	●	○	○	○	=	30
5	x	●	●	●	●	●	●	●	○	○	=	35
5	x	●	●	●	●	●	●	●	●	○	=	40
5	x	●	●	●	●	●	●	●	●	●	=	45

📖 Reading

5 x 1 = 5   5 x 4 = 20   5 x 7 = 35

5 x 2 = 10   5 x 5 = 25   5 x 8 = 40

5 x 3 = 15   5 x 6 = 30   5 x 9 = 45

5x

Training

5 × 8 = ……	5 × 5 = ……
5 × 3 = ……	9 × 5 = ……
5 × 9 = ……	4 × 5 = ……
5 × 5 = ……	6 × 5 = ……
5 × 7 = ……	8 × 5 = ……
5 × 4 = ……	1 × 5 = ……
5 × 1 = ……	3 × 5 = ……
5 × 6 = ……	2 × 5 = ……
5 × 2 = ……	7 × 5 = ……

5 × …… = 15	…… × 5 = 10
5 × …… = 45	…… × 5 = 30
5 × …… = 05	…… × 5 = 15
5 × …… = 35	…… × 5 = 40
5 × …… = 20	…… × 5 = 05
5 × …… = 25	…… × 5 = 45
5 × …… = 40	…… × 5 = 25
5 × …… = 10	…… × 5 = 35
5 × …… = 30	…… × 5 = 20

Noting

6 × ●○○○○○○○○	=	06
6 × ●●○○○○○○○	=	12
6 × ●●●○○○○○○	=	18
6 × ●●●●○○○○○	=	24
6 × ●●●●●○○○○	=	30
6 × ●●●●●●○○○	=	36
6 × ●●●●●●●○○	=	42
6 × ●●●●●●●●○	=	48
6 × ●●●●●●●●●	=	54

Reading

6 × 1 = 6   6 × 4 = 24   6 × 7 = 42
6 × 2 = 12   6 × 5 = 30   6 × 8 = 48
6 × 3 = 18   6 × 6 = 36   6 × 9 = 54

6x

Training

6 x 8 = ...   5 x 6 = ...
6 x 3 = ...   9 x 6 = ...
6 x 9 = ...   4 x 6 = ...
6 x 5 = ...   6 x 6 = ...
6 x 7 = ...   8 x 6 = ...
6 x 4 = ...   1 x 6 = ...
6 x 1 = ...   3 x 6 = ...
6 x 6 = ...   2 x 6 = ...
6 x 2 = ...   7 x 6 = ...

6 x ...... = 36   ...... x 6 = 18
6 x ...... = 54   ...... x 6 = 12
6 x ...... = 12   ...... x 6 = 36
6 x ...... = 48   ...... x 6 = 48
6 x ...... = 24   ...... x 6 = 54
6 x ...... = 42   ...... x 6 = 30
6 x ...... = 18   ...... x 6 = 42
6 x ...... = 06   ...... x 6 = 24
6 x ...... = 30   ...... x 6 = 06

7×

Noting

7 × ●○○○○○○○○○ = 07
7 × ●●○○○○○○○○ = 14
7 × ●●●○○○○○○○ = 21
7 × ●●●●○○○○○○ = 28
7 × ●●●●●○○○○○ = 35
7 × ●●●●●●○○○○ = 42
7 × ●●●●●●●○○○ = 49
7 × ●●●●●●●●○○ = 56
7 × ●●●●●●●●●○ = 63

Reading

7 × 1 = 7
7 × 2 = 14
7 × 3 = 21
7 × 4 = 28
7 × 5 = 35
7 × 6 = 42
7 × 7 = 49
7 × 8 = 56
7 × 9 = 63

7x

Training

7 × 8 = ...		5 × 7 = ...
7 × 3 = ...		9 × 7 = ...
7 × 9 = ...		4 × 7 = ...
7 × 5 = ...		6 × 7 = ...
7 × 7 = ...		8 × 7 = ...
7 × 4 = ...		1 × 7 = ...
7 × 1 = ...		3 × 7 = ...
7 × 6 = ...		2 × 7 = ...
7 × 2 = ...		7 × 7 = ...

7 × ...... = 14		...... × 3 = 63
7 × ...... = 42		...... × 3 = 49
7 × ...... = 63		...... × 3 = 28
7 × ...... = 49		...... × 3 = 21
7 × ...... = 35		...... × 3 = 42
7 × ...... = 21		...... × 3 = 07
7 × ...... = 28		...... × 3 = 14
7 × ...... = 56		...... × 3 = 56
7 × ...... = 07		...... × 3 = 35

8x

Noting

8 × ●○○○○○○○○	=	08
8 × ●●○○○○○○○	=	16
8 × ●●●○○○○○○	=	24
8 × ●●●●○○○○○	=	32
8 × ●●●●●○○○○	=	40
8 × ●●●●●●○○○	=	48
8 × ●●●●●●●○○	=	56
8 × ●●●●●●●●○	=	64
8 × ●●●●●●●●●	=	72

Reading

8 × 1 = 8   8 × 4 = 32   8 × 7 = 56

8 × 2 = 16   8 × 5 = 40   8 × 8 = 64

8 × 3 = 24   8 × 6 = 48   8 × 9 = 72

8x

Training

8 x 8 = ...
8 x 3 = ...
8 x 9 = ...
8 x 5 = ...
8 x 7 = ...
8 x 4 = ...
8 x 1 = ...
8 x 6 = ...
8 x 2 = ...

5 x 8 = ...
9 x 8 = ...
4 x 8 = ...
6 x 8 = ...
8 x 8 = ...
1 x 8 = ...
3 x 8 = ...
2 x 8 = ...
7 x 8 = ...

8 x ...... = 64
8 x ...... = 40
8 x ...... = 72
8 x ...... = 16
8 x ...... = 24
8 x ...... = 56
8 x ...... = 48
8 x ...... = 08
8 x ...... = 32

...... x 8 = 16
...... x 8 = 48
...... x 8 = 72
...... x 8 = 64
...... x 8 = 08
...... x 8 = 32
...... x 8 = 56
...... x 8 = 24
...... x 8 = 40

9x

👀 Noting

9 × ● ○ ○ ○ ○ ○ ○ ○ ○ = 09
9 × ● ● ○ ○ ○ ○ ○ ○ ○ = 18
9 × ● ● ● ○ ○ ○ ○ ○ ○ = 27
9 × ● ● ● ● ○ ○ ○ ○ ○ = 36
9 × ● ● ● ● ● ○ ○ ○ ○ = 45
9 × ● ● ● ● ● ● ○ ○ ○ = 54
9 × ● ● ● ● ● ● ● ○ ○ = 63
9 × ● ● ● ● ● ● ● ● ○ = 72
9 × ● ● ● ● ● ● ● ● ● = 81

📖 Reading

9 × 1 = 9	9 × 4 = 36	9 × 7 = 63
9 × 2 = 18	9 × 5 = 45	9 × 8 = 72
9 × 3 = 27	9 × 6 = 54	9 × 9 = 81

9x

 Training

9 × 8 = ...
9 × 3 = ...
9 × 9 = ...
9 × 5 = ...
9 × 7 = ...
9 × 4 = ...
9 × 1 = ...
9 × 6 = ...
9 × 2 = ...

5 × 9 = ...
9 × 9 = ...
4 × 9 = ...
6 × 9 = ...
8 × 9 = ...
1 × 9 = ...
3 × 9 = ...
2 × 9 = ...
7 × 9 = ...

9 × ...... = 45
9 × ...... = 27
9 × ...... = 09
9 × ...... = 54
9 × ...... = 36
9 × ...... = 18
9 × ...... = 81
9 × ...... = 63
9 × ...... = 72

...... × 3 = 18
...... × 3 = 72
...... × 3 = 36
...... × 3 = 54
...... × 3 = 09
...... × 3 = 45
...... × 3 = 27
...... × 3 = 63
...... × 3 = 81

💡 Thinking

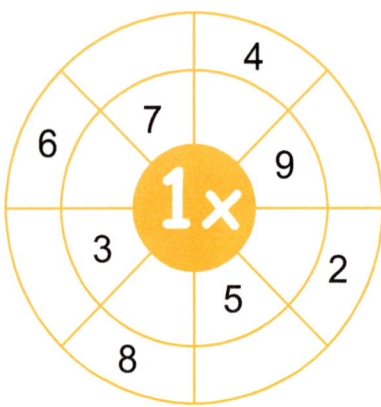
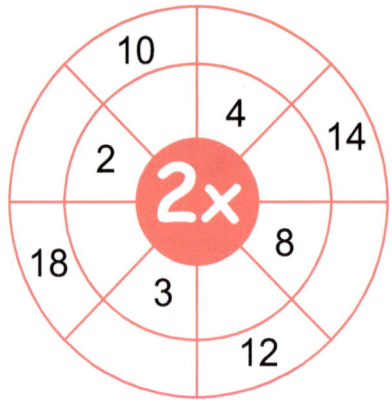
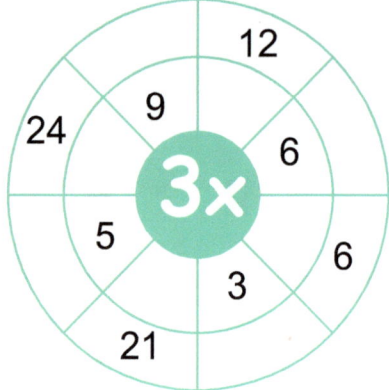
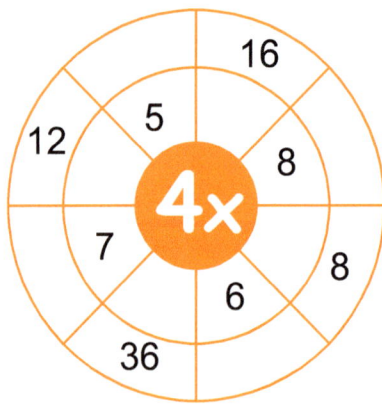
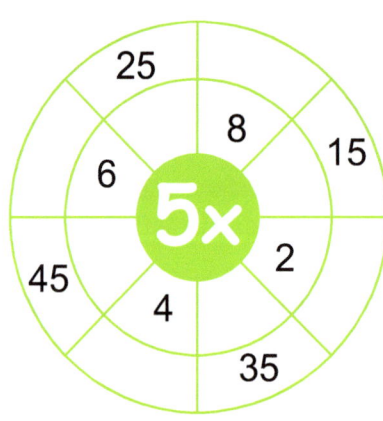
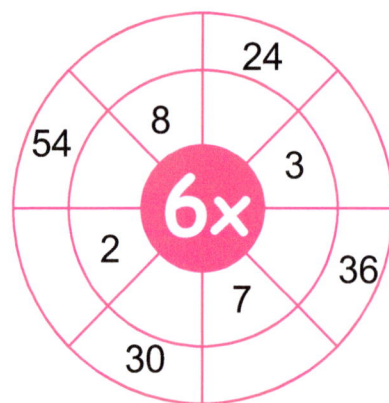
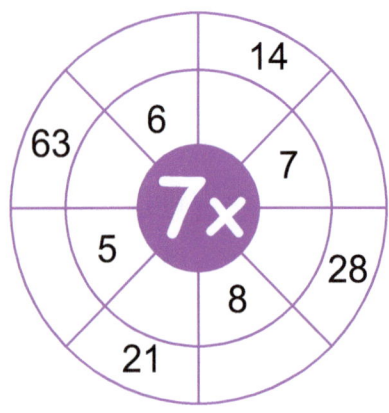
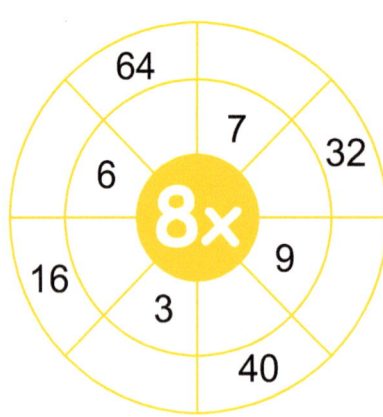
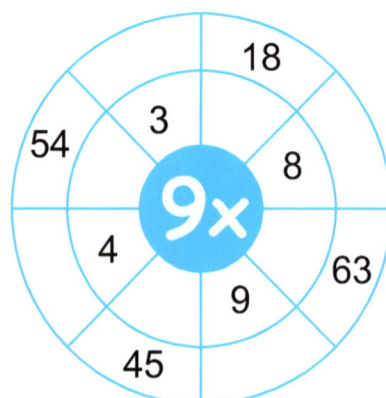

# Thinking

	1	2	3	4	5	6	7	8	9
2									
3									
4									
5									
6									
7									
8									
9									

Thinking

6	×	___	=	30
___	×	9	=	72
3	×	___	=	24
___	×	1	=	02
7	×	___	=	49
___	×	5	=	25
2	×	___	=	04
___	×	4	=	16
8	×	___	=	64

5	×	___	=	15
___	×	2	=	10
9	×	___	=	36
___	×	4	=	20
8	×	___	=	32
___	×	3	=	09
6	×	___	=	24
___	×	1	=	08
7	×	___	=	14

7	×	___	=	21
___	×	4	=	24
8	×	___	=	16
___	×	9	=	27
1	×	___	=	09
___	×	3	=	18
6	×	___	=	36
___	×	2	=	18
5	×	___	=	45

2	×	___	=	06
___	×	4	=	28
8	×	___	=	24
___	×	1	=	07
5	×	___	=	40
___	×	6	=	48
7	×	___	=	35
___	×	3	=	12
9	×	___	=	81

Thinking

6 × ☐ = 18   5 × ☐ = 30
☐ × 9 = 45   ☐ × 2 = 16
3 × ☐ = 27   9 × ☐ = 54
☐ × 1 = 6   ☐ × 4 = 8
7 × ☐ = 28   8 × ☐ = 56
☐ × 5 = 10   ☐ × 3 = 15
2 × ☐ = 14   6 × ☐ = 42
☐ × 4 = 12   ☐ × 1 = 5
8 × ☐ = 40   7 × ☐ = 42

7 × ☐ = 63   2 × ☐ = 12
☐ × 4 = 36   ☐ × 4 = 32
8 × ☐ = 48   8 × ☐ = 72
☐ × 9 = 18   ☐ × 1 = 4
1 × ☐ = 3   5 × ☐ = 35
☐ × 3 = 6   ☐ × 6 = 48
6 × ☐ = 12   7 × ☐ = 35
☐ × 2 = 8   ☐ × 3 = 21
5 × ☐ = 20   9 × ☐ = 63

**We are create this book
with all love
for help your children**

www.ingramcontent.com/pod-product-compliance
Lightning Source LLC
Chambersburg PA
CBHW051944210526
45473CB00006B/2382